目次

2 特集1 堀井和子的薄煎餅&熱鬆餅

13 咖啡通信❷ 久保百合子＋大宅稔 用水壺沖咖啡

14 特集2 土佐・高知 大盤料理呈現出的款待誠意

21 找茶之旅❷ 高橋良枝＋久保百合子 高知・大豐町 名為碁石茶的發酵茶

22 桃居・廣瀨一郎 此刻的關注❾ 尋訪西川聰的工作室

28 留存在飛田和緒印象中的❷「伴手禮」

28 日日・人事物❺ 珍珠茶屋

34 料理家米澤亞衣的私房食譜❼ 義大利日日家常菜 倫巴底湯、白腎豆湯汁短麵條湯

36 日日・人事物❻ 芋香烈嶼

39 日日・去看海❸ 東之月牙——七星潭

40 公文美和的攝影日記❷ 美味日日

42 松下進太郎談 江戶前壽司❾ 牡蠣

44 日日歡喜❿「紅茶與茶壺」

46 34號的生活隨筆❷ 一壺夏天的太陽茶想起的事

＋ 日常花物語❷「盛開的幸福」

關於封面
本期的特集1是堀井和子的薄煎餅和熱鬆餅，
主角是麵粉。
麵粉該怎麼拍才好呢？
正當大家苦思之時，
攝影師日置先生把鏡頭伸進打開的麵粉袋裡拍照。
隱隱約約透著光線，可以看見麵粉袋的樣子，
於是完成了這張意想不到的可愛照片。
再度向日置先生的鏡頭取景敏銳度致敬！

小心控制白脫牛奶（buttermilk）鬆餅火候的堀井小姐。身上穿的麻布圍裙連身裝，是在美國時自己手作的。堀井小姐表示因為是直線剪裁不難，但穿起來非常合身優雅。

特集1

堀井和子的薄煎餅&熱鬆餅

以麵粉為主的甜點，莫名地令人眷戀。想像在樹葉凋零的季節，打開暖氣的房間裡，喝著熱熱的奶茶，配上一份淋上滿滿楓糖的鬆餅，香氣氤氳的午茶甜點，讓心也跟著暖了起來。

因為材料單純，作法簡單，材料的成分比例和火候控制，反而成為左右美味的關鍵。

堀井和子的麵包和薄煎餅（pancake）等麵粉類食譜總是讓人著迷。這次特別請堀井小姐公開她長年製作的獨家白脫牛奶鬆餅和熱鬆餅（hotcake）的做法。

料理．造型─堀井和子　文─高橋良枝　翻譯─黃碧君
攝影─公文美和

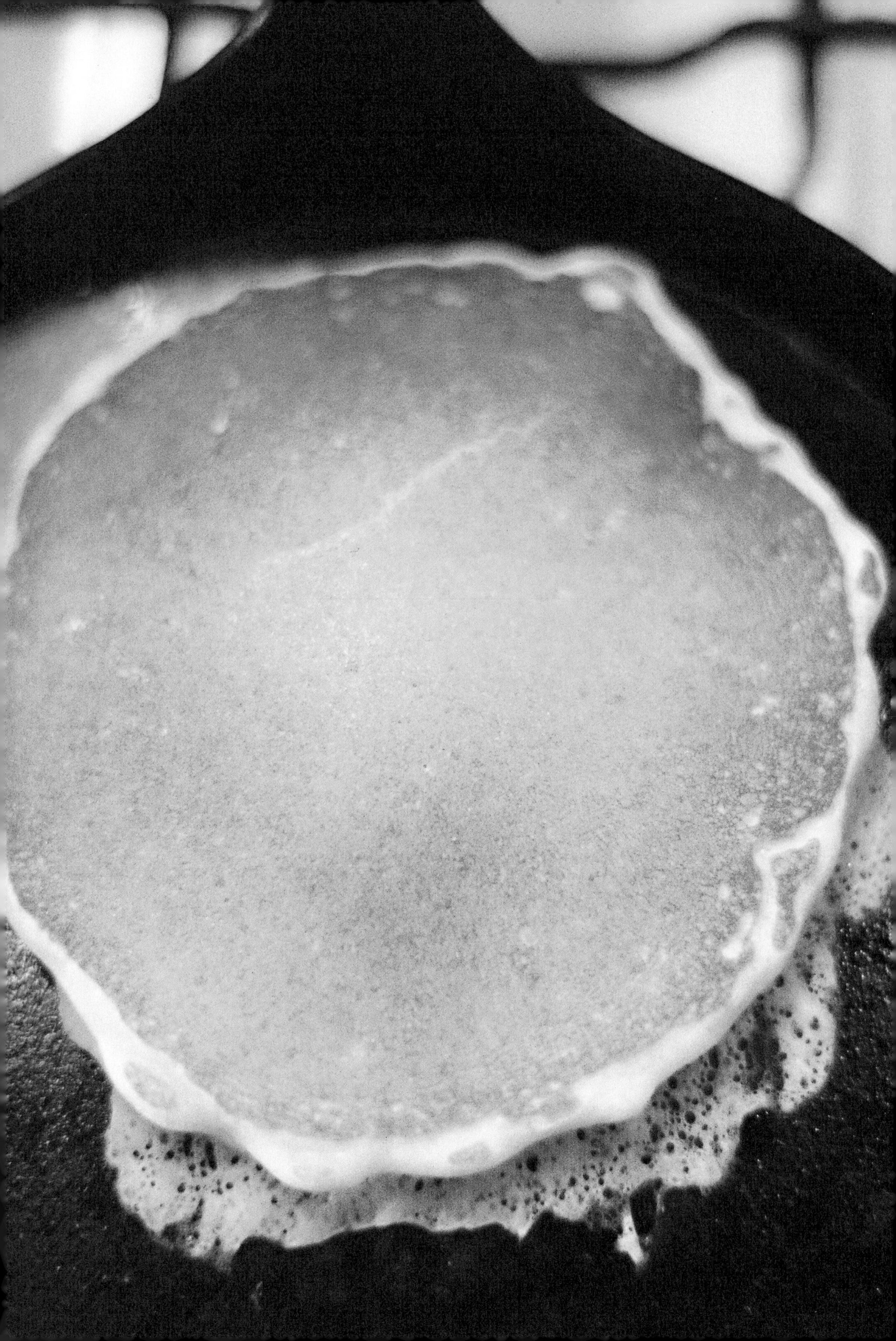

[白脫牛奶鬆餅]

煎烤之後，立即趁熱吃，品嘗最佳的美味。

因為先生工作的關係，堀井小姐曾在美國紐澤西住過3年。從那時起，至今「用了20年不變」的食譜，就是這個「白脫牛奶鬆餅」。

「在美國都使用白脫牛奶來做鬆餅，但日本買不到，所以改用原味優格和牛奶。」

白脫牛奶是製作奶油時剩下的脫脂乳清，但現在市面上似乎多是化學製品。

「這道食譜的比例和味道的接受度很高，幾乎吃不厭。」

這份食譜是堀井小姐的得意之作，也是她自己長年持續嘗試後才確定的比例。製作鬆餅的另一個重點是火候的控制。

「煎烤程度會因為每個家庭而有不同，請自己控制火候的大小。」

一邊說著，堀井小姐邊伸出手放在平底鍋上方確認溫度。當熱度確實傳達到手掌中時，就可以把麵糊倒進去。

「倒進麵糊，聽到『滋』的聲音時，就要開始調整火候。」

不要怕燒焦，用稍微強一點的中火，在短時間內煎烤。這種鬆餅會因為煎烤的時間使得口感產生差異，所以要不斷注意火候的控制！

「當表面呈金黃色時，表示裡面也出現膨脹的狀態，翻面後整個麵皮被煎得鬆軟適中，又香又美味。」

堀井小姐表示，比起煎至淡淡的黃色，有一點焦黃，反而更加美味。夫婦兩人都很喜歡這道鬆餅，常出現在週末早餐的餐桌上。

「外子喜歡淋上滿滿的楓糖後大塊朵頤。」

使用酵母的鬆餅帶點酸味很好吃，但因為酵母需要時間發酵，早餐想吃鬆餅時，白脫牛奶是最容易使用的，塀井小姐因而特別推薦。

【白脫牛奶鬆餅】

以中強火
煎成焦黃色，
色香味俱佳。

■材料（12片）

蛋——2顆
牛奶——250cc
原味優格——125cc
糖——1大匙
（我家使用粗糖）
鹽——1小撮
無鹽奶油——3大匙

□粉類

低筋麵粉——190公克
泡打粉——1又½小匙
小蘇打——½小匙

■做法

- 先將低筋麵粉篩過。
- 以小火將無鹽奶油融成液狀，小心不要焦掉。

❶將蛋打入大調理盆裡攪拌。加入牛奶、原味優格、糖、鹽，用打蛋器打勻。

❷將粉類加入❶的容器裡，快速約略混勻。（讓所有材料混合均勻，注意不要過度攪拌，否則會失去黏性）再加入融化的無鹽奶油混合均勻。

❸用厚平底鍋或是雪弗龍鍋（我家用的是南部鐵鍋，鬆餅專用），以中火加熱。當鍋子完全熱好之後，用杓子舀一杓❷的麵糊倒入鍋裡。

❹待麵糊整體平均出現小氣泡，小氣泡破掉變成幾個小洞後即可翻面。不同的鍋子所需的火候和時間也不同，這是判斷是否煎到焦黃的基準。盡量以中大火短時間煎到讓麵糊膨脹，是美味的要訣。

❺只要底面煎到焦黃即ＯＫ（較表面煎的時間較短）。剩下的麵糊也以相同方式煎熟。

＊若要等到全部煎完才吃，可以將烤好的鬆餅一片片疊上去，用稍有厚度的布包起來。如此一來能夠保溫，不容易變涼。煎到焦黃的鬆餅立即享用是最好吃的。

＊淋上奶油和楓糖更美味。

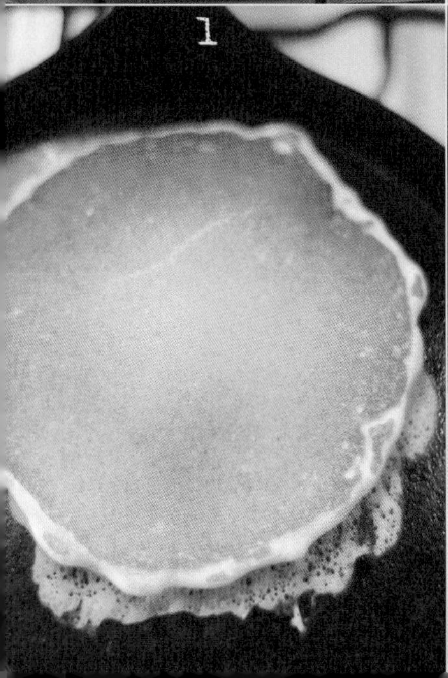

【熱鬆餅】

加上小蘇打粉是做出令人懷念的香味之要訣

「我在美國見過和熱鬆餅（hotcake）發音很像的玉米餅（hoecake）食譜，但像日本這樣有一定厚度的鬆餅，我在美國也沒吃過。熱鬆餅應該是日本獨自發展出來的吧！」

堀井小姐覺得有趣的是，美國有鬆餅，法國有可麗餅，同樣都是用麵粉和蛋、牛奶等材料做出來的，但卻有各種不同的口味和變化。

這次的熱鬆餅加了小蘇打和泡打粉兩種材料，這也是堀井小姐長年累積經驗才確定的配方。

「比起只加泡打粉，多加了小蘇打粉能讓麵糊更膨鬆，香味也和古早的鬆餅很接近，有一股懷舊感。」

此外，加蜂蜜和糖也是堀井食譜的特色。加了蜂蜜能讓麵糊煎出均勻漂亮的焦黃色，而加上糖調味，可以更容易烤出漂亮的顏色。

「因為麵糊很厚，比薄煎餅需要多花點時間慢慢烘烤。」

火候比薄煎餅稍微小一些。但如果用小火慢慢加熱，會讓麵糊無法膨脹，因此堀井小姐的建議是要用中小火。

煎好的焦黃色熱鬆餅，光看就讓人垂涎三尺。

「我們家的做法是沒有加任何香料，喜歡香味的人也可以加一點香草精之類的。」

同樣的麵糊放入蛋糕模型，再排上蘋果，拿進烤箱烤，就成了蘋果蛋糕。

剛煎好熱熱吃最美味。放上奶油
和楓糖端上桌。無法馬上吃時，
記得把煎好的鬆餅用布包起來，
可以稍微有保溫作用。

【熱鬆餅】

因為麵糊較濃郁厚重
煎的時間較長，
但火候也不要太小。

■材料（4片）

蛋——1顆
蜂蜜——1大匙
糖——1大匙
牛奶——120cc
無鹽奶油——1大匙

□粉類

低筋麵粉——150公克
泡打粉——¾小匙
小蘇打——¼小匙

■做法

- 粉類混合過篩。
- 小火將無鹽奶油融化。

❶將蛋打入大調理盆裡，加入蜂蜜和糖，用打蛋器打發。

❷把牛奶和融化的奶油、粉類加入❶，迅速攪拌（注意不要攪過頭會失去黏性）。

❸以中火（比薄煎餅的火候小一點）加熱平底鍋，用杓子舀一杓❷的麵糊倒入。因為麵糊比薄煎餅紮實有重量，要多些時間煎成焦黃色。

❹表面各處出現小氣泡，待氣泡變成3～4個小洞時即可翻面。

❺另一面也同樣煎成焦黃色。

＊煎好後放上奶油和楓糖一起吃。我家愛用加拿大產的楓糖（Light Amber No1 light），或是佛蒙特產楓糖。

[做鬆餅的道具]

用了很多年
熟悉的道具最好用。

b

a

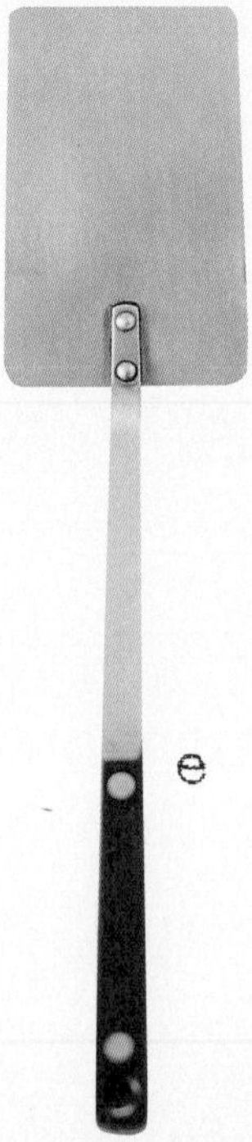

e

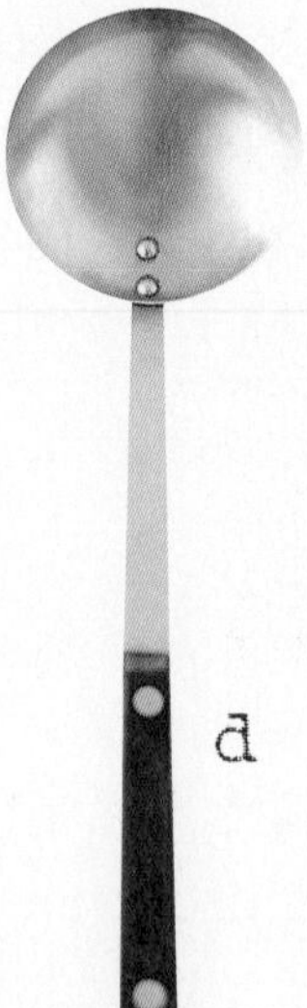

d

a. 打蛋器。煎鬆餅的前置作業幾乎一支打蛋器就能完成。在百貨公司買的。b. 大調理盆。柳宗理設計。大一點的比較好用。23×21cm。c. 南部鐵器平底鍋。在盛岡的「釜定」買的。堀井小姐專門拿來煎鬆餅的愛用鍋。d. e. 鍋鏟和杓子。都是以前在百貨公司購買的。f. 麵粉篩，是在東急本店或玉川高島屋買的。

c

f

用水壺沖咖啡

文．攝影—久保百合子
咖啡老師—大宅稔（OYA COFFEE煎焙所）
翻譯—褚炫初　手寫字—沈孟儒

筑摩書房出版，朵貝．楊森（Tove Jansson）創作的作品，一筆一畫都描繪得極為細緻，令人忍不住入迷，來自越南的杯子。喜歡它簡潔的線條。

在冷颼颼的假日，我邊讀著全套嚕嚕米漫畫，突然想到。

我想嚐嚐嚕嚕米媽媽用水壺煮給大家喝的咖啡！

因為如此，特地去請老師教我。

「首先要徹底將水壺溫熱。咖啡豆磨得粗一點（約$\frac{1}{2}$~$\frac{2}{3}$的米粒大小），放進水壺後注入不要太燙的熱水，然後攪拌均勻。蓋上蓋子2、3分鐘就完成了，以過濾茶葉的濾網過濾再喝。」

我用30公克豆子對300cc的熱水試著沖泡，還滿好喝的。

我曾聽說嚕嚕米的家鄉—芬蘭，是全世界咖啡喝得最多的國家。漫長冬夜在家裡喝的咖啡，是否就是這種滋味？

沖泡起來比用濾紙還簡單，很適合忙碌的早晨。還有，就算在熱水泡2、3個鐘頭，也不像咖啡機那樣會煮過頭而變得難喝。聽起來好像全是優點？

「不過冷掉以後還是會有澀味產生，所以也可以花點工夫加上牛奶或蜂蜜試試。希望你能善加利用手邊有的工具和材料，好好品味自己沖泡咖啡的美味時光。」

老師這麼說。

因為想嚐試各種滋味的細微變化，所以選了比較小的咖啡杯。

跟老師朋友借來的水壺，聽說是產自伯納．李奇（譯註：Bernard Leach英國陶藝家、畫家與設計師。）的窯。無論是色澤、形狀乃至於陶土厚重感都十分完美，簡直專門是做來沖咖啡的。

手掌大小的小杯子們

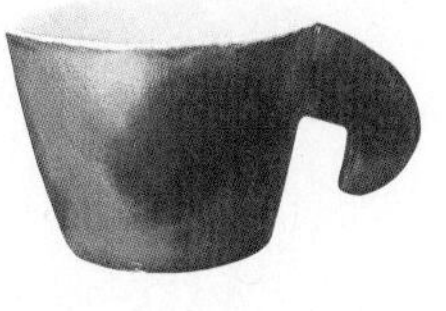

在高知的藝廊「M2」拍攝到的杯子，把手帶有一種喜感。

看起來像是個飯碗，不過卻是比利時的骨董。咖啡老師的私人收藏。

幕府末期到明治時期之間生產的煎茶碗。咖啡老師的私人收藏。

『GALLERY M2』高知市播磨屋町2-8-12　☎088-885-4689

特集2

土佐・高知

大盤料理呈現出的款待誠意

日本有著各種鄉土料理，其中一種以大盤盛裝聞名。在直徑50公分左右的大盤子裡面，不只裝著壽司、炸物、燉煮菜、涼拌菜，甚至連羊羹、水果也都一起放進去，這種豪華又大器的裝盤方式，至今仍是高知一地招待客人時必定會有的料理，也是當地一種宴客大餐的形式。

料理—白百合俱樂部　文—高橋良枝
攝影—公文美和　翻譯—王淑儀

上：「白百合俱樂部」成員（右起：中司滋壽子女士、垣內幸代女士、光森登志子女士、岩原綾子女士）。正紅色的曼珠沙華（又稱彼岸花）在稻田的周圍綻放著，深山裡的秋天已早早來臨。左：大盤料理盛裝在直徑50公分左右的藍染盤子裡。

現在在高知，這樣的大盤料理大多會向熟食店訂購，但這次我們來到南國市山中小鎮——白木谷，請來「白百合俱樂部」成員特地為我們示範這道家庭料理。

白木谷是個位在高知東邊，從南國市中心再翻過幾重山才能抵達，標高700公尺的山中小鎮。「白百合俱樂部」有七名成員，最年輕的中司滋壽子女士70歲，年紀最大者已高齡80，是個平均年齡73歲的當地媽媽團體。

「我嫁到這裡來的時候，這個為了讓當地媳婦可以學習當地傳統與料理的『白百合俱樂部』就已經存在了。」

時至今日，「白百合俱樂部」仍不斷研究著這個地區自古流傳下來的料理，有時會到農業高職、小學等傳授年輕孩子們當地的鄉土料理，也經營一間名為「白百合亭」的餐廳，只在週末假日的中午營業，可以吃到以當地食材製作的午餐。這些活動也成為

以整尾鯖魚壽司為中心，周圍擺了用四方竹、茗荷、香菇、蒟蒻做的壽司，還有炸物、燉煮、涼拌菜、三色寒天凍、水煮栗子等等，都快滿出來了。據說今天的鯖魚體型算小，但仍不失為一道相當有氣勢的料理。

正在將完成的菜放進大盤中的「白百合俱樂部」媽媽們。
大家手中忙著裝盤，口中不忘唸著今天的鯖魚壽司太小了啦、我們那邊的擺盤會是怎樣……，好不熱鬧。

白木谷發展當地產業活動的一環。

在高知，款待客人、一同飲酒作樂時，桌上一定會出現大盤料理。在直徑40～50公分，甚至大到1公尺的大盤子中裝滿數種料理。土佐的「宴客料理推廣會」代理會長岡內啟明先生為我們介紹大盤料理的特色：「豪華又豐富，不論男女老少都可以找到愛吃的東西，又能依人數調整分量，這大概就是大盤料理可以長久流傳下來的原因吧。更進一步來說，也有體貼主婦們，在宴會開始的時候，不用關在廚房裡趕著做菜的意思。」

盤中有下酒菜，也有小朋友可以吃的壽司、炸物，甚至是甜點，確實可說是超越年齡、不分男女都能盡情享用的料理。

這次為我們做的大盤料理是多種菜色的組合，據說內容會依地方或是季節的不同而產生一些差異，除了我們今天看到的這些菜之外，有時也會放進涼拌鰹魚、生魚片，夏天可能會出現涼麵等季節性食物。

鯖魚壽司

要說誰是大盤料理的靈魂人物，當然就是這保留整隻魚原形的鯖魚壽司。做法是將鯖魚剖開後先抹鹽醃過再經過浸醋處理，然後用一整尾魚來包壽司飯。

在大盤子的正中央大器地將這整隻鯖魚壽司擺上去，周圍再放上其他以蔬菜做的素壽司，山珍海味就此都到齊了。「今天買不到大條的鯖魚，只有這麼小的。」中司女士的語氣聽來有些落寞。如果是大隻的鯖魚，一定更顯澎湃，但是這隻雖小，還是看得到魚頭，不習慣的人可能會有點害怕。

壽司飯裡混著薑絲及白芝麻，吃剩下的鯖魚壽司烤一下再吃也很美味哦！

茗荷壽司

素壽司的一種。茗荷縱向剖開之後，用4％的鹽（編按：鹽的比例）揉過再以甜醋浸漬，入味後拿來包上壽司飯即完成。「醃漬茗荷的醋若不是用植物醋（譯按：醋是由水果或穀物發酵而成的，此指的是穀物醋），就醃不出這麼漂亮的顏色。」

茗荷壽司的下方墊著一片紫蘇葉，一入口，茗荷與紫蘇葉的香氣交融，非常爽口。順帶一提，紫蘇葉是南國市的特產。只要到了產季，茗荷就會從田邊或是住宅園圃裡長出來，春天到初秋都有，若非當季，就會用其他蔬菜代替。說到這兒，才想起茗荷壽司常在日本料理中擔任開胃菜的角色。

琉球壽司

在高知的假日市場裡所發現的不知名蔬菜，粗壯的莖，末端長著很像芋葉的大片葉子，長度可以達到一公尺以上，原來是名叫「琉球」的食用植物。莖的斷面上可見到許多汽泡般的小洞。「它跟芋頭不一樣哦，不會結出芋頭，一般就吃它的莖。」菜市場賣菜的婆婆為我說明的這樣菜，如今成了大盤料理中的一種壽司盛裝於盤中。

做法是去皮，切成4、5公分的長段加鹽仔細揉搓後，擠去多餘的水分再以甜醋醃漬。

它常被用在涼拌菜裡，沒有特殊氣味，吃起來清脆又爽口。

香菇壽司

做法是將曬乾的香菇泡開，用薄醬油滷過後包壽司飯即可完成。乾香菇是什錦壽司不可或缺的食材之一，所以當然很適合搭配壽司飯。

今天用的乾香菇也是當地自產自製的，肉厚又味美。將它包在捏成圓球狀的壽司飯上，看上去可愛又討喜，跟其他以當令蔬菜做成的素壽司也很容易搭配，同時也常被用在海苔花壽司裡。

如果要在家請客，可以試著來做做這種大盤料理。以家裡有的大盤子或是大盆子裝進炸物、燉煮菜等，平常各自盛盤的料理全都裝在一起，像是聖誕節或是過年時就很適合一試。

蒟蒻壽司

上次來到高知，在早市第一次看到這種蒟蒻壽司時嚇了一跳，但在當地似乎是很常見。

將以薄醬油滷煮入味的蒟蒻開個口，裝進壽司飯即完成。形狀有點像稻禾壽司，但吃起來的口感就完全是蒟蒻的Q彈。

對於喜歡蒟蒻的我而言，如此清爽的壽司真是人間美味。

在吃過肥美的鯖魚壽司之後，再吃一口蔬菜壽司或是蒟蒻壽司，有去油解膩的效果，而且蒟蒻又是低熱量的減肥聖品，或許最適合怕胖的女性朋友。

四方竹壽司

四方竹是當地山裡野生的竹子，斷面呈現少見的四方形。在來到白木谷的路途中，曾經看到一片繁茂的林地，心中浮現著這不知是什麼林的疑問，原來那就是四方竹林，放眼望去，與孟宗竹木連成一片，自山間一路延伸至山谷。

四方竹是整個帶皮水煮過之後再剝殼，接著第二次以薄醬油去滷。切成3～4公分長的竹子中間塞進壽司飯就成了四方竹壽司。

在這直徑只有2～3公分的竹子裡要填滿壽司飯，可說是非常費工的一道手工菜呢。

7

五穀御飯糰

這是以五穀飯捏成的飯糰。以多種有色米炊出來的飯做成的飯糰，擺進大盤子裡立刻增色不少。

做為各種料理間隔用的一葉蘭，聽說不是只有用來裝飾。「一葉蘭放久了會開始變黃，所以還可以拿來當做食物鮮度的指標，判斷是否該更換。」此外還有抗菌的作用，因此是大盤料理不可或缺的小配角，同時也拿來區隔冷菜與溫菜。

「我們這裡的媽媽每一個人都很會用一葉蘭做盤飾哦！」這一天盤中精緻的一葉蘭裝飾當然也是俱樂部的媽媽們親手做的。

涼拌苦瓜

做法是先將苦瓜縱剖後再橫向切薄片，用鹽揉過再淋上熱水燙過，擠掉多餘水分。「用水燙過之後，才會呈現出漂亮的青綠色。」中司女士說道。

接著將火腿切細條，與鮪魚罐頭、苦瓜混合，加入鹽昆布與美奶滋後拌勻。苦瓜的綠，火腿的紅，鹽昆布的黑混搭成一道多彩的涼拌菜。

涼拌菜用的都是當令時蔬，所以沒有特別固定的食材。像這次用來做壽司的琉球也是常被拿來做成涼拌的食材之一。據出身自高知的公文小姐說，一般多會使用煙燻柴魚等海鮮類一起下去涼拌。

8

9

滷四方竹

四方竹據說是白木谷當地特產，切成段後被稱為碰切（譯註：四方竹被折斷時發出一聲「碰」而得名。）所以滷四方竹也被稱為「煮碰切」通常還會加上紅蘿蔔，雞肉一起燉煮。

煮四方竹時不太會出現雜質，吃起來口感清脆而美味，是一道簡單好吃的料理。這道菜以四方竹盛產的秋天到冬天為季節，若是在其他時節沒有生產，就不會特別做這道菜。

這次我們拜訪的地方是白木谷的下倉，白百合俱樂部利用位於這個鎮上的南國市公有建築物開設了一家只有週末假日才營業的餐廳「白百合亭」。

炸物

這道素食炸物是用苦瓜、南瓜切絲，再混進艾草、虎耳草、新鮮香菇、竹筍等食材一起去炸。

在白木谷，艾草是隨地生長，而虎耳草則是住家周圍就可簡單採到的野菜。當地因為空氣新鮮水又乾淨，連野菜都很多汁且香氣濃郁。

春天長成的孟宗竹筍，水煮後可長時間保存。炸之前先以薄醬油煮過後再跟其他食材一起炸。因為很嫩，即使切得很大塊也還是柔軟多汁，就算涼掉了也不失美味。在近海之地，可以享用豐富魚產，在山中則以甜美的蔬菜或山菜為料理的主角，地域性為大盤料理增添個性。

三色寒天凍

兩種紅色與一種綠色寒天凍分別是以紅紫蘇、綠紫蘇及芋頭做成的。紅紫蘇的葉子經過水煮後，就可以煮出美麗的紅色天然染汁，加入砂糖與寒天溶解後倒入模型中放冷，切塊。

綠紫蘇則是將葉子用果菜調理機打碎，以布擠出汁液，以小火煮開加入砂糖與寒天之後，倒入模型中待涼凝固。

紫芋蒸熟，去皮，磨碎後以小火煮，加入砂糖及溶化的寒天液混合，倒入模型中待涼凝固。

三種顏色都非常鮮豔，但全是來自於天然的食物，一吃就可以感覺到食材的原味與香氣，可說是簡單又可以安心食用的家庭料理。

水煮栗子

之前一進門就在玄關桌子上看到一堆新鮮尚未剝殼的栗子。新鮮的栗子實在難得一見，引得攝影師公文小姐（在P35的寫真日記裡有），造型師久保小姐跟我都忍不住拿起相機拍起來。

這新鮮栗子要用來做成水煮栗子，是大盤料理到了秋天才會出現的季節甜點。我也曾試著在家自己做，但實在是太費工夫，沒花上兩、三天是做不出來的。

而沒有新鮮的栗子就無法做出美味水煮栗子，因此在東京這樣無法見到新鮮栗子的地方，是找不到這樣難得的甜點。所以我們都心懷感激地享用，也更感到美味。清爽不甜膩的水煮栗子，吃再多也不夠。

找茶之旅❷

高知・大豐町
名為碁石茶的發酵茶

文—高橋良枝　攝影—久保百合子
翻譯—褚炫初　手寫字—沈孟儒

發現夢幻般的茶

上／碁石茶。左上／用熱水沖煮的碁石茶。左下／冰鎮的碁石茶。■連絡方式／高知縣長岡郡大豐町黑石343-1
☎0887-73-0978

從《日々》的夥伴公文美和那裡聽說，高知有種茶叫做碁石茶，我心想一定要去看看，於是展開調查，才知道製造地點，位於高知縣大豐町深山裡的小鎮。

碁石茶在日本十分稀少，算是和烏龍一樣的發酵茶。聽說因為乾燥的葉片看起來像圍棋子（譯註：「碁石」日文的意思是圍棋子），因而得名。

這種茶從藩政時代起就在大豐町生產，曾經有段時期在瀨戶內海地方的消費量高達20噸。

右／為我們介紹茶園的小笠原章富先生。左／山茶是很久以前就生長在附近的茶樹。我們在10月初造訪，都已經結果子了。

不過從十幾年前開始，生產者逐漸凋零，於是成為夢幻的茶葉。那個時候，唯一持續下來的是小笠原章富先生的父親。

「小時候在梶ヶ內村裡，做了不少碁石茶當成商品去賣呢！」

章富先生家中做碁石茶，已經是第六代了。據說從前碁石茶還被拿去交換瀨戶內海產的鹽。

碁石茶是由生長在附近山區的山茶、藪北這兩種茶葉製成的。

不摘取春天的嫩芽，讓茶葉長到6、7月，才整枝摘下來。摘下來的枝葉放進大鍋裡蒸過後，裝進木桶，一一摘除枝幹後剩下的茶葉便搬進代代相傳的小屋裡，鋪在厚草蓆上堆放靜置7～10天。這段期間，長年附著在上面的黴菌會讓茶葉發酵。

標高400公尺的山坡地，經常有濃霧，相當適合茶葉的栽種。

接下來，再次將茶葉放進木桶並重壓10～20天，這道二次發酵的手續，據說可以增加乳酸菌的數量。這些茶葉最後被切成3公分的塊狀，選擇盛夏最熱的幾天進行曝曬，等到完全乾燥後便大功告成。

「碁石茶是由這間小屋和厚草蓆做出來的，所以屋子不能拆遷、厚草蓆也不能汰換。」

小笠原先生用充滿珍愛的口吻，向我們介紹已經染成褐色、刻滿歲月痕跡的木桶和厚草蓆。

碁石茶喝起來既不是烏龍也不像普洱，帶著像檸檬茶般清爽的酸味，冰鎮了喝也非常美味。我們還喝到珍貴的3年份陳年碁石茶，味道更是柔順溫潤。

真希望這日本唯一的發酵茶，能夠永遠永遠流傳下去。

小笠原家代代相傳、做碁石茶不可或缺的黴菌，都附著在木桶和厚草蓆上面。

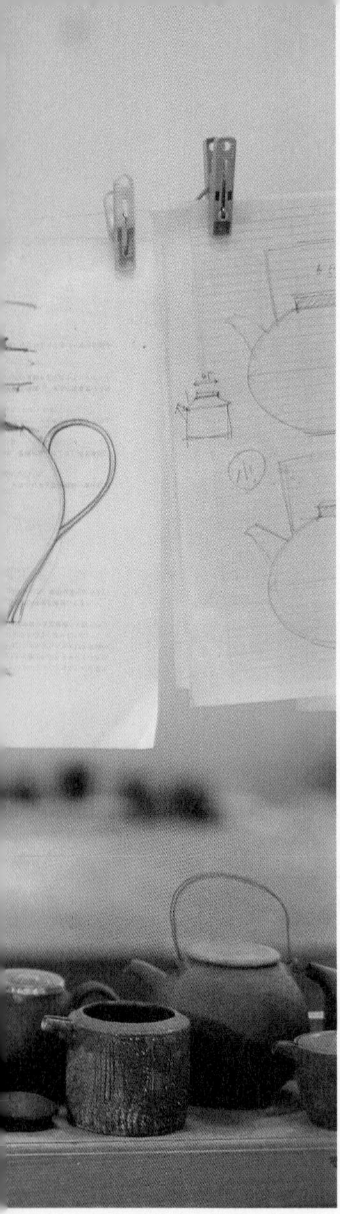

桃居・廣瀨一郎此刻的關注❾

尋訪西川聰的工作室

既像纖細的木製品，
又像溫潤的土燒陶般獨特的肌理。
它的顏色與鮮艷的彩色不同，卻也存在感十足。
西川先生所創作的器物，
光是擺放在眼前，就可以感受到極強大的能量，
那不只融合了日本，
還有世界各地不同文化在其中。

文—草苅敦子　攝影—日置武晴　翻譯—王淑儀

如同光或色彩有三原色一樣，也有人把文化分成基本的三種顏色。白、黑與紅各自帶有的意涵會因文化而異，但在廣大的世界中卻是大致共通的。

西川聰所創作的器物，基本上也使用這三種顏色，其中最搶眼的是擁有乾燥紅色的器皿。是的，就是會讓人聯想到厚重的紅磚或是非洲大地上那滾滾紅土的那種，乾燥的紅色。

那是西川聰在世界各地旅行時得到的一種確信：「紅色是神聖的，特別的顏色。」因此而做出來的。

工作室兼自家住宅位在以溫泉聞名的湯河原，與同是陶作家的太太美佳及兩名兒子共四人一同生活在其中。

住家的一樓，是將原來的倉庫隔間打掉，成為開放式空間，也是西川夫婦的工作室。大片的玻璃窗全都是由西川自己親手打造的。

那是在將近兩百坪土地上的三層樓建築，一聽說從前是某企業的休閒會館時，就完全可以明白為何會如此寬闊。當初是因為有個倉庫剛好可以拿來做工作室，於是成了他們於05年買下此處的契機，之後便在建築家、設計師朋友們的協助之下，在建地上蓋了個窯。

「最早我是想要以玻璃創作。」西川是在美術大學的工藝工業設計系時接觸到陶藝，畢業後邊工作到91年才開始以陶作家的身分創作。

在工作室裡有著大量的素描，上面詳細寫著尺寸等資訊。
「因為就算是偏了5mm也是差很多的」透露著其作品的設計完成度之高，以及創作者用心入微的態度。

「大概是那個時候吧，我開始有一種新的想法，就是比起依產地，我更想以創作者來選擇我想要進的器皿，而西川就是當今器作家的第一流人選。」廣瀨一郎如此回顧當時。

在樹木包圍的窯場中，放著製作中的器物與兩座窯，還有一套釣具。

不論是創作者也好，使用者也罷，都跟以往不一樣，陶藝這個領域中摸索新的可能性的西川先生應該也曾有過「已經沒有我能做的了吧？」的迷惘，而為了突破這道高牆，他不知將自己放到日本以外的地方多少次。97年開始他與妻子美佳兩人「帶著所有身家財產」，給自己一年的時間去非洲、中東旅行。不論在亞洲還是非洲看到的紅色，以及後來產生興趣的原始造

海上吹來的涼風輕拂著客廳的窗簾。那是美佳小姐
以韓國的傳統包袱布「Bojagi」為概念，自己動手做的。

掛在玄關處牆上的非洲人偶。家中處處以兩夫妻
在世界各地收集而來的椅子或是布料做為裝飾。

享用了他們自己做的寒天果凍。白色的器皿
因燒製過程中施以加了澀柿汁的釉藥而產生橘色裂紋，
每個器皿都有著不同的花紋。

在廚房裡的西川夫婦。
「他們兩位都很會作菜哦！」廣瀨先生說。

形，都為他回到日本後的創作帶來莫大的影響。

在遙遠的異國看到的工藝品或是生活道具都有著強烈的存在感，然而在日本是不能直接拿來模仿的，因此最後選擇了基本的三原色，其中紅色與黑色的器皿，再塗上亞洲特有的塗料漆，就成了現在所見的成品。

「想把木製品給人的印象帶進陶器。」、「雖然是以土來表現，卻能做出其他素材的質感，這是從西川這一代開始的。」廣瀨先生說。

結合了非洲、中東、日本等多國力量的器物「本質上是原始的，但在表現自我時又很感性。」

同時也設計成可以融入現代生活，這可從那一大串設計圖中看出來。另一方面，看上去彷彿是將球體剖半的器皿，或是讓人懷想起古陶器的作品也都是出自西川之手。

「有時我會想要從日常使用中跳出來，創造一些表現自我個性的作品。使用者也會用些特殊的器具，

這提高了製作的困難度，也等於是挑戰創作者的能力。」

現在他每周回母校一次去當講師。這位在廣大世界裡吸取養分，開創出自我風格的前輩，應該可以為年輕學子帶來不少刺激。

每年夏天，這裡就會變成一堆朋友及學生聚集的「渡假小屋」。西川先生笑著說：「因為我跟他們說只要帶啤酒來都很歡迎。」

聽說今年夏天會有一團40人來玩。不用說，他那迷人的個性固然吸引人，但是有清楚的人生方向，才是讓人想要接近他，跟著他前進的力量吧！

西川聰（Nishikawa Satoshi）

1967年生於愛知縣名古屋市。91年畢業於武藏野美術大學工藝工業設計系，隔年於新宿京王百貨公司舉行首次個展。95年入選第四屆國際陶磁器展美濃，96年入選日本工藝展。97年於西班牙展開製作，之後偕同妻子於非洲，中東展開一年的旅行。現在亦維持一年一度到海外旅行，至今造訪過三十餘國。2000年獲得工藝都市高岡工藝競賽優秀獎。現今一邊參加多次企畫展、個展之外，亦為武藏野美術大學陶瓷課程非常任講師。2005年將住家與工作室從東京移至神奈川縣湯河原町，持續作陶中。

乾燥的顏色與肌理之中埋藏著過去造訪之地的記憶

文—廣瀨一郎　翻譯—王淑儀

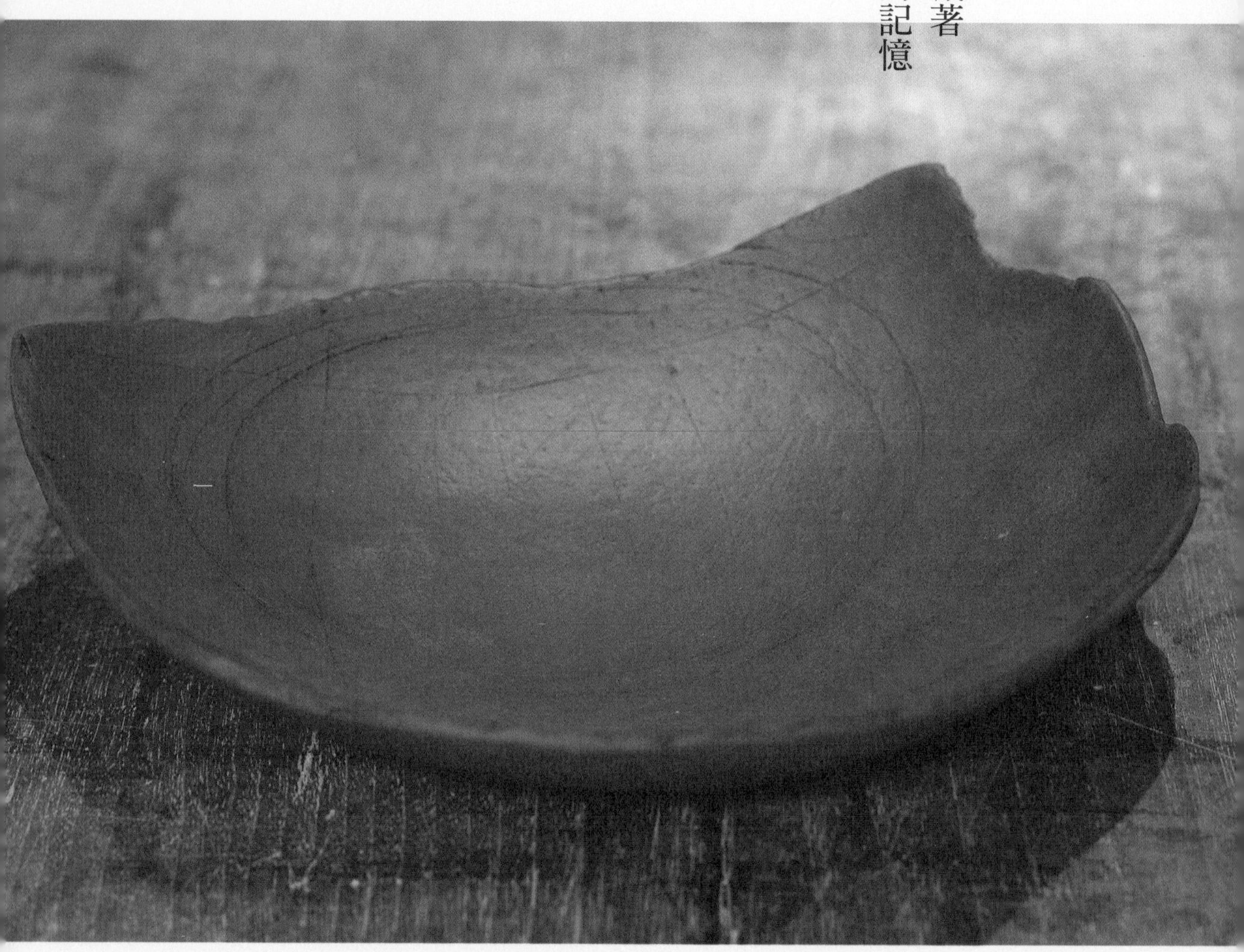

「『赤繪』的存在，反映出鮮豔的紅色在日本陶瓷器史上佔有一席之地，
然而這個盤子的紅色卻完全無法歸於同類，
彷彿是天外飛來的異質。那不是一種出自於濕潤而溫暖風土的紅色，
而是使人聯想到在乾燥的廣大天空之下，熱風吹襲的熱帶草原或是砂漠的紅。
那是埋藏著我走遍非洲、中東之記憶裡的紅。」

■高290×寬275×高80mm

「那是喚起原始而遙遠記憶的顏色與質感，
還有深入細部的細緻處理。
從這個呈現灰暗色調與乾燥肌理的銀彩壺上，
我們可以看出創作者的雙重創作意向於此合而為一。
那是古老的時間與新創的時間交鳴，再逐漸融合。」

■左起　直徑110×高150．直徑125×高130mm

桃居　東京都港區西麻布2-25-13　☎03-3797-4494　週日、週一、例假日公休　http：//www.toukyo.com/
廣瀨一郎以個人審美觀選出當代創作者的作品，寬敞的店內空間讓展示品更顯出眾。

留存在飛田和緒印象中的❷
「伴手禮」

石垣島・邊銀食堂辣油

沖繩這地方我不算真的去過，唯一一次是早年採訪海底迪斯可時，曾經飛到沖繩機場，不過那是泡沫經濟時期的事了，我連沖繩的海風也沒吹過呢。每年苦瓜、沖繩島辣韮、芒果盛產的時節雖然也常會買，做出來的菜離真正的沖繩料理還有段距離。有次我百無聊賴地跟朋友提起這件事，後來朋友便拿了一大罐石垣島的辣油給我。

朋友好像常跟這家店訂購，有一次不小心訂錯，來了一罐業務用的超大瓶辣油。將近兩大杯紅通通的紅油很驚人，不過不只蘸食，舉凡湯羹鑊炒、燉煮煲斂時不時就下一點辣油的話，一大罐一下子也就迅速地減少了。寬口徑的大罐子，要撈起底下

石垣島辣油

成分有小米椒、鬱金、薑黃、黑糖、石垣鹽等。
（有）自然食材俱樂部
「邊銀食堂」邊銀曉峰。
沖繩縣石垣市大川199-1
☎0980-88-7030

沉澱的碎椒末很方便，搞不好比小罐裝的還好用呢。我家原本愈來愈少吃辣，如今又恢復了辛辣菜色。

粟國鹽

先前我把我媽媽做的鹽罐子送給一位編輯，結果收到了一包粟國鹽，對方說要把這當成回禮兼伴手禮，什麼包裝也沒地就這麼「砰」地把鹽巴交到了我手上。

粟國鹽是最近很受歡迎的天然食材，超市也買得到，不過對方送的這包「天日鹽」比較難買，聽說製程就要花上37天。

我輕輕試舔了一口看看，一股天然鹽的溫和甘甜率先輕輕溜上了舌稍，稍後才淡淡地湧出鹹鮮。我把鹽巴倒進瓶子裡，一小點、一小點亮晶晶的結晶閃亮動人。事不宜遲，趕緊把剛挖出來的小芋頭送進烤箱裡確確實實地烤過，然後就只輕輕灑點鹽巴來提味，哇——太好吃了！這真是沒得挑剔。

粟國鹽・天日

小渡先生耗時20年研究嘗試後
催生出來的產品。
（株）沖繩海鹽研究所　小渡幸信
沖繩縣島尻郡粟國村字東8316號
☎098-988-2160

日日・人事物❺

珍珠茶屋，開在碧湖畔的同學會

在台北市裡依山傍湖的珍珠茶屋，使用在地的食材、手做的溫度塑造出悠閒寧靜的氛圍。

文——褚炫初　攝影——dingdonglee

珍珠茶屋

台北市內湖路二段103巷38號

☎02-2797-3972

㊎11：00～17：00　㊡周一公休

盛夏悶熱的尋常午後，內湖路二段幾乎沒什麼行人。珍珠茶屋隱身碧湖畔的巷口轉角，推開木頭落地窗，室內閑靜陰涼，毛躁的夏天彷彿一下子都被關到院子去了。許多人，包括我，喜歡珍珠茶屋結廬在人境，而無車馬喧的緩慢情調。

這幾年，台北市的觀光客越來越多，東區信義區永康街師大路那些時髦的咖啡店，每逢假日，真是吵死了。珍珠不一樣，這裡的氣氛，讓上門的顧客很自然地比較小聲講話，你可以說珍珠的客層比較「大人」，或者說，願意離開鬧區跑到內湖喝茶用餐的消費者，早就做了另一種選擇。

2013年春天才開幕、短短幾個月便打響名號的珍珠茶屋，可不光靠興趣和閒情逸致起家。幾位核心人物是昔日藝術大學的同窗，當年在學校奠定的美術與戲劇基礎，使他們在設計、收藏、視覺、文字、空間等方面各有獨到品味，加上一些或認識多年、或彼此欣賞的藝術家朋友與職人的合作，不斷修正調整，才打造出眼前這間茶屋的樣貌。不少媒體或部落客講到珍珠，都把重點放在洋溢著日式「和洋折衷」趣味的室內設計或物件，當然，這是間「茶屋」，形象上與懷舊京都的連結不言而喻，珍珠對美感的選擇與表達方式，坊間動輒抄襲日本意象的唐突店家根本無法相提並論。撇開這些不談，難得的是，儘管裡裡外外和風得很到位，眼尖的顧客不難察覺，許多屬於台灣的在地元素自然地融入在空間裡，那才是珍珠茶屋最動人之處。

隨著季節變換的餐點，清爽美味。

手工做的蛋糕搭配台灣高山茶，
看似日式風情，卻有著濃厚台灣味。

複製有形的硬體比較容易；無形的信念，是誰也偷不走的寶貝，也是一間店的靈魂所在。負責公關與餐飲規畫的南美瑜說，「珍珠的核心精神，就是手做。」從建築、室內陳設、燈具到器皿，連視覺文宣，也選擇用版畫般的質感呈現，為的是要看起來有溫度。表面上，珍珠茶屋看似大隱於市，不少消費者從市區慕名而來，只為偷得浮生半日閒。然而珍珠顯然是入世的，雖然選擇在市郊落腳，理想卻是要融入在地、創造一個喚回古早人情味、美好價值觀的平台。

珍珠不僅是茶館食肆，它有態度，有話想說、渴望與更多人碰撞，這股熱情化為行動，成為週末定期舉辦的「珊瑚市集」，讓地方小農可以直接與消費者面對面接觸。在菜色研發上，一律選用台灣在地的優良食材，就連調味料，例如梅干菜或辣椒醬，只要能自己做，就不買現成的商品。擔任行政主廚的阿嬌，縱橫餐飲界多年，她的料理最重原汁原味，尤其當了阿嬤以後，陪伴孫子一起成長，讓她對食材的出處來歷、味覺的傳承，有了更深刻的體會。這樣的龜毛態度，正巧與珍珠的理念不謀而合。所以阿嬌甘願忍受舟車勞頓之不便，往返於宜蘭和內湖之間。

走出珍珠，天色已近黃昏，碧湖畔多了不少悠哉散步或運動的居民，鄰近街廓的氣氛隨著夕照與晚風，漸漸柔和起來，與適才炎熱的午後，有著迥然不同的風景。難得在台北有機會沿著湖邊散散步，一邊走，一邊想起與南美瑜聊起珍珠茶屋緣起時她說的一句話：「其實，我們就是一群老朋友聚在一起，開了場同學會而已。」幾十年的老友，在人生路上各自風雨，最後決定來到碧湖，慢慢地，用自己的步調，尋找不一樣的可能性。

這場同學會，玩得還真開心。

料理家米澤亞衣的私房食譜❼

義大利日日家常菜

米澤小姐在2007年12月有場跨界合作，
是以義大利菜搭配赤木明登的餐具呈現。
為了相關準備及雜誌、廚藝教室的工作，
她每天忙得不可開交，
但還是一年跑到義大利好幾次，
讓體內重新吸飽滿滿的義大利氣息。

1

白腎豆湯汁短麵條湯

Minestra con brodo di fagioli bianchi

煮白腎豆時一定會剩下很多的湯汁。不曉得為什麼，大家的眼睛老望著一顆顆的豆子，而忘了煮豆跟燙青菜的湯汁裡也飽含了豐厚好滋味。提醒我這件事的人，是蒂瓦。她與我非親非故，卻願意傾囊相授，這份溫情與那個有過她叮囑的廚房裡所發生過的一切往事，都在我心底點燃了一盞未曾熄滅的燈，指引我方向。

■材料（4人份）

煮白腎豆的湯汁——約1公升
煮湯用的義大利短麵條——160公克
小番茄（熟透）——4顆
鹽——適量
特級初榨橄欖油——適量

■做法

- 白腎豆的煮法跟左頁「倫巴底湯」的做法一樣。
- 把煮白腎豆的湯汁倒入另一鍋，加點鹽提鮮後，開火。
- 水滾後丟進短麵條，轉中火。
- 等麵條煮得差不多後，在湯鍋上用手捏碎小番茄，讓湯汁稍微染上紅豔。
- 灑鹽調味、盛進湯盤。
- 灑上特級初榨橄欖油。

2

倫巴底湯

Zuppa lombarda

卡蘿家那個窗外山丘上長滿了一大片橄欖樹的廚房裡，到處都是年月磨跎過後才有的色彩：白底上描繪藍色花紋的托斯卡尼舊磁磚、長年使用磨出深棕色的老桌子、沉灰色的鍋子。但在這樣小巧廚房裡與家人共度晚餐的夜晚，比起被招待到有豪華吊燈與家飾的餐館裡享用大餐，反而更平實溫馨。這道淋上一堆主人引以為傲的橄欖油的料理，滋味絕贊。

■材料（4人份）
白腎豆──100公克
水──1公升
蒜頭（豆子用）──1瓣
（麵包用）──11瓣
鼠尾草──1根
鹽──適量
鄉村麵包──4片
特級初榨橄欖油──適量
黑胡椒──適量

■做法
● 在把白腎豆仔細洗淨，放入厚鍋子裡加入一升水，浸泡一晚。
● 蒜頭去芯，跟鼠尾草一起加入鍋子裡，蓋鍋蓋，開小火悶煮。
● 要注意調整火候，不要讓水煮滾溢出。
● 煮到差不多可以用指頭輕輕捏碎的程度時，關火，灑鹽。
● 把鄉村麵包切成約1.5公分厚，烤到表面酥脆。
● 烤好後，以大蒜的切面輕輕在麵包上磨一下，將麵包擺進湯盤裡。
● 把白腎豆倒在麵包上，倒進煮豆的湯汁。
● 淋上大量特級初榨橄欖油，再灑上黑胡椒即可。

＊這道托斯卡尼地方上的傳統菜被稱為「倫巴底湯」。據說是因為西元1740年左右時，倫巴底區布雷西亞市出身的Bernardino Zendrini帶了許多當地人，到托斯卡尼西邊的馬蕾馬地區填土掩埋溼地。大家停留在那裡的期間很喜歡吃這道菜，於是便取了這個名字，不過其實這根本就不是倫巴底區的菜。
＊用好一點的特級初榨橄欖油，可以引出白腎豆更鮮甜的滋味。

 料理・造型─米澤亞衣　攝影─日置武晴　翻譯─蘇文淑

日日・人事物⑤

芋香烈嶼

除了高粱酒、麵線和貢糖，在大小金門這個因地理位置關係而有各式食物融合之地，最令人念念不忘的還是芋頭吧！

文—賴譽夫　攝影—吳美惠

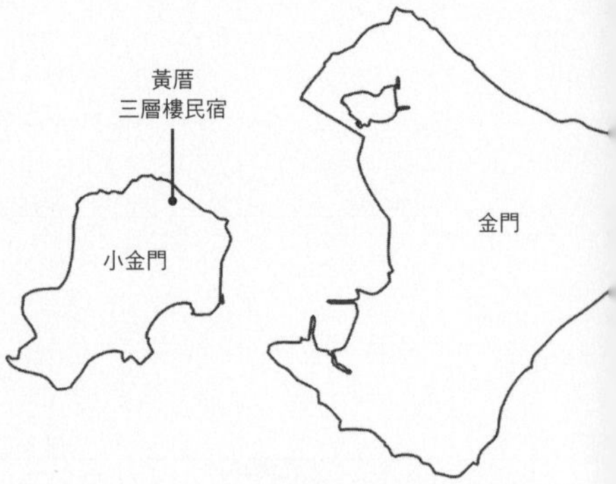

三層樓特色小吃店主洪木盛先生。

烈嶼芋頭達人洪文尊先生。

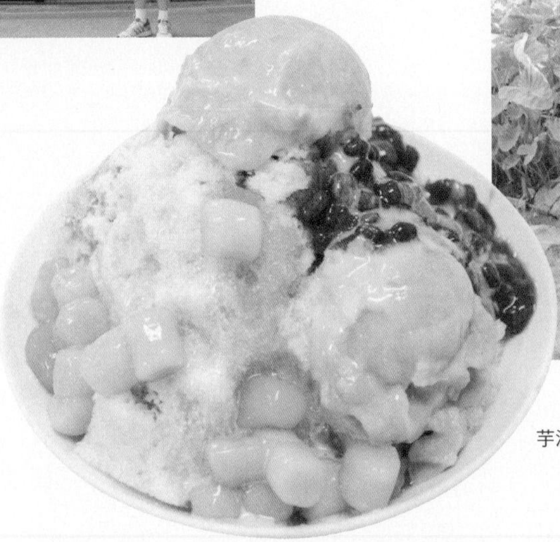
芋泥球招牌冰。

地理位置使然，金門成為海陸、南北的交通要道，各種文化在此接會。而在飲食上，除了在地性也看得見融合性。像是遊人必吃的廣東粥，對應著當地的閩式鹹粥；又譬如戰爭移軍帶來的麵食，與當地的口味做了諧和的嫁接，使得許多小吃店號成為知名景點。而在這些吃食裏頭，小金門的芋頭更是饕客口中的絕世名物。

不少遊客來到大金門，總是稱讚這裡的芋頭好吃；而吃過小金門的芋頭後，更會覺得其他地方所產的芋頭遠不能及。「入口即化」是小金門的檳榔芋給人的第一印象，其口感並非一般芋頭久煮即可達到的；就教了烈嶼芋頭達人洪文尊先生，原來是偏向酸性的水質與黏性土壤，造就了芋頭成長的優勢環境。

近十年來，洪文尊奪下了六屆的烈嶼「芋頭王」殊榮，２０１２年更以超過5.5公斤的巨大芋頭刷新紀

干貝蚵乾飯。

沙蟯炒角瓜。

芋香石蟹。

金門特有種桑葚製成果醬。

芋戀肉。

芋頭丸子。

錄。來到他的芋頭田一看，每株都已逼近兩公尺高，可以稱得上是芋頭「樹」了呢！這也還只在生長期當中而已。與鄰隔的芋頭田相比，家傳經驗及其獨到的植株排列與生長間隔，使得他所種的芋頭得以冠群。

談到吃食，黃埔村黃厝社區三層樓民宿的「特色芋頭餐」，大抵是到小金門旅遊必吃的餐點。這份套餐由六菜一湯一冰品組成，其中的「芋戀肉」以蒸熟的芋頭與軍用肉罐頭作成，不僅結合了戰地特色，也讓人嚐到意外契合的料理調味組合；「芋香石蟹」將礁石下的小蟹與芋片酥炸，香脆得令人續嘴難止；「干貝蚵乾飯」則以石蚵乾搭配南瓜、干貝、香菇等作為炊飯的主餡，是就地食材的小總匯。此外，「蚵仔煎」厚而軟韌的粉煎與台灣的略有不同；「芋頭丸子」不因油炸減損香氣，反而更顯香甜；「沙蟯炒角瓜」清炒出金門的沙灘特產沙蟯（花蛤）的鮮味。湯品則是金門魚丸佐以海菜與荸薺等。

而其中最令人難忘的，當屬招牌芋頭冰。當芋頭冰端上桌時，必定被其上熬煮成泥的芋泥球給吸引。這個芋泥球充分表現出烈嶼芋頭軟綿細嫩的口感，一旁的芋圓也是手工製成，竹葉貢糖主原料的花生也摻佐其中，更特別的是金門特有種桑葚製成的果醬，酸甜中帶點苦甘，搭配起來更是消暑。一般食客總是難以抵禦芋泥球的誘惑，莫不點上雙份芋泥球的「雙胞胎」才得以滿足！

金門芋頭的產季約在中秋至農曆年前，愈近愈佳；而拜目前存放技術的進步，非產季亦能大快朵頤。每年中秋前後，小金門皆會舉辦芋頭節活動，在入秋最適宜離島旅遊的時節，不妨一遊小金門，參與親自採收芋頭等相關活動，最重要的是一嘗金門芋頭讓人難忘的極致美味。

come together
life books for all
一起來
01
SUMMER 2013
定價 NT300
特輯
好友餐桌
SEE YOU AT MY TABLE!
餐桌上的交換食記 換換蔬菜的料理遊戲
常常旅行 巴黎的超市／西班牙的Tapas，不用錢？
迫不及待想跟她一起炒飯

什麼都可以一起來，一起來做什麼都可以

2013 SUMMER

VOL 01

s e e   y o u   a t   m y   t a b l e !

一起來

《come together》Mook是一本綜合性的生活刊物，
涵括生活、樂趣與學習的豐富單元，訴求日常生活中的實際體驗，
並嘗試用不同角度看待日常大小事，邀請大家一起來體驗與分享更多元的生活。

日日・去看海❸

東之月牙——七星潭

攝影・文—賴譽夫

提到海洋美景，首先讓人想到的便是低度人為干擾、輕污染的花東海岸；加諸交通距離的位地考量，七星潭直是花東看海的首選，並漸成國際觀光景點。

即使已是知名景點，仍有許多旅人探問著七星潭地名的來由。日治時期，日人將原先七星潭區域填作機場用地，該區域住民遷往了月牙海灣，因住民舊鄉而得名。

板塊運動形成海階地形，潮浪蝕衝下造就了今日的七星潭地景；海灘廣見河流由山裡帶下的各式礫石，部分石頭更因擠壓作用，形成夾布畫作線條般的「石畫岩」；石相豐富，遂成賞石者的天堂。而經年的海洋淘洗，也使海灘佈上了一片白色小石，更使此一弧形海灣在湛藍的海天相襯下，令人豔喜。早期許多採石人大量於此取獲觀賞石，隨著環境觀念進步，也懇切希望遊客賞玩奇石，切勿取佔。

七星社區原為一小漁村，「牽罟」為早年漁捕特色；因其具有洋流的天然賜予，而後定置圍網漁業則更為知名；隨著觀光的發展，翻車魚美食與柴魚製作也衍為旅遊名物，除卻走賞海天美景，更可品嚐當地魚鮮。近年，隨著單車漫遊風潮，沿著海岸興築並將舊鐵道線納入整理而成的「兩潭自行車道」（另一端為鯉魚潭），更是新興逛遊花蓮海濱的賞景佳選，尤適合城市人放慢腳步一覽洄瀾風光。

七星潭的優越位處，隨著時段不同賞星、觀月、看日出，大地舞台上演著依時變化的萬千海景。但隨著觀光興起，開發與維護天然之間也開始互相拉扯，高架道路的巨蛇已然建起，觀光住宿與渡假村的量體漸漸聳立，多少令人有些憂心，也期望這美好山海的劣化能夠盡量緩遲了。

上／形弧如新月，而舊稱「月牙灣」。
下左／悠閒，是逛遊海岸的最佳態度。
下右／豐富的石相，使七星潭成為賞石聖地。

公文美和的攝影日記❷

美味日日

這一期的攝影日記帶我們來到了高知。
高知是公文小姐的故鄉，
這篇日記全是她因為工作關係
探訪了一個名為「白木谷」的鄉野小地方，
以及跟父母去牧野植物園與週日早市的點滴回憶。

苦瓜的產季也快結束了吧？

秋季水果：文旦、檸檬、柚子、蜜柑。

最後方是孟宗竹，往前數來是當地特產的一種切口為正方形的罕見竹子，名為「四方竹」。

一整套碁石茶。沏壺高知的碁石茶，休息一下。

高知海域的秋季漁獲。

高知名勝：桂濱。

白雲的照片之二。

高知。週日市場上賣的葡萄。

從樹上掉下來的栗子。於上倉。

《日々》總編輯高橋小姐用高知食材
做了這一餐給工作人員吃的飯。

每次搭飛機時總是忍不住
一直看這裡。

牧野植物園裡的野生敗醬草。

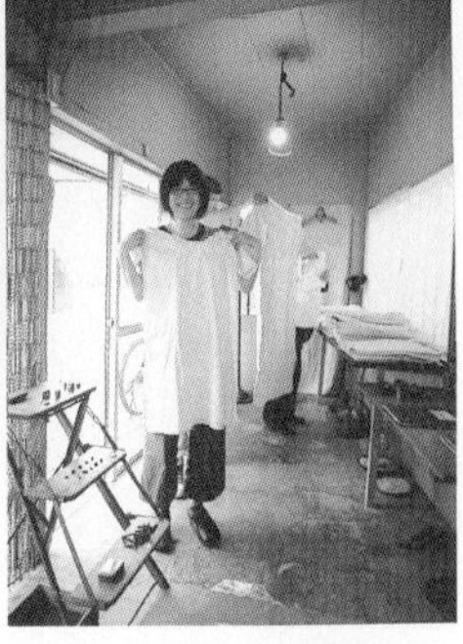

boncoin—— 一家販賣法
國舊布跟各種器具的小
店，佈置優雅。久保小姐
拿起衣服問：好看嗎？

松下進太郎談

江戶前壽司⑩

牡蠣

「採用滷漬方式的壽司食材裡有一項是蛤蜊。但蛤蜊不是一年到頭都有，於是我就想到了牡蠣。」

松下先生說，戰前的江戶壽司裡應該沒用過牡蠣這項食材。「不過一大顆牡蠣煮熟浸泡過後，應該很好吃吧？」

於是把這個想法跟常客提起，常客也說：「試試看啊、試試看啊！」催著他做。於是松下先生就試做了請常客吃看看，大家讚不絕口。之後每年11月到1月這段蛤蜊不夠肥美的時節裡，牡蠣就成了「千八鮨」的固定菜色之一。

千八鮨的牡蠣連裡頭都熟透了，但肉質依然軟溜，吸飽了豐厚的醬汁，又不妨礙牡蠣本身的鮮美。上頭擺上兩根細細的柚子皮，入口後，跟牡蠣混合成了清爽的滋味。

「牡蠣的味道比較濃厚，所以用柴魚湯底調和時，要泡上一整天才能入味。」

滷汁就用煮牡蠣時剩下來的湯汁加酒去煮，煮到收乾剩兩成水分時，加入柴魚，過篩。做好的滷汁得先放涼才能用，要是趁熱漬泡的話，牡蠣反而會吸收太多鹽鹹。

至於那兩根柚子皮，則是因為牡蠣味道濃郁，加了柚子，也不致於被柚子香給搶了味道。

「三陸的陸前高田附近，廣田灣產的牡蠣又肥美又好吃！」

松下先生黯然地說東京灣的牡蠣從很早以前就不行啦。雖稱作江戶前壽司，但現在真的從江戶前的東京灣裡捕獲的壽司魚種少之又少。松下先生長年處理這些漁獲，心裡應該很失落吧……

「其實我把『千八鮨』收掉的原因之一，也是因為江戶前壽司的食材愈來愈少了。」

他隱隱透漏出了心底話。

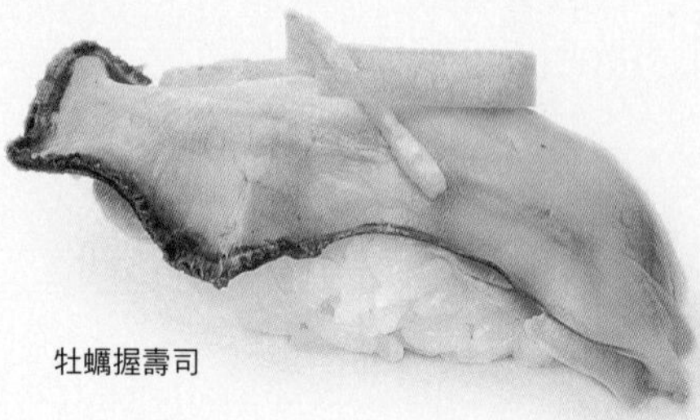

牡蠣握壽司

浸漬

把牡蠣並排在調理盆上，不要重疊。輕輕倒入滷汁後，放進冰箱裡一天。

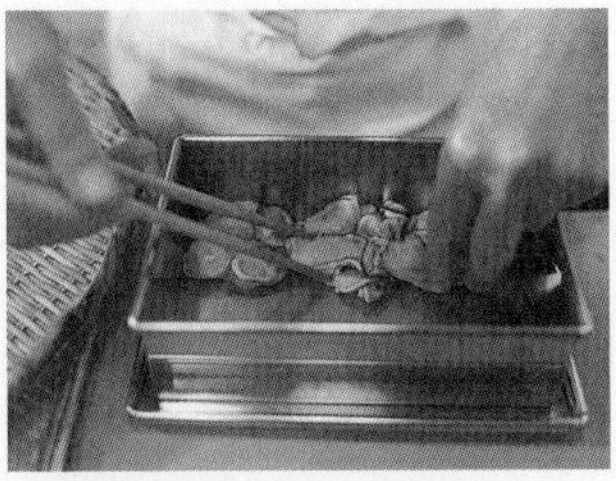

滷汁

把煮牡蠣的水過篩後，加酒煮到剩下兩成左右，倒入用柴魚片煮成的湯底，再加入醬油調味，靜置冷卻。

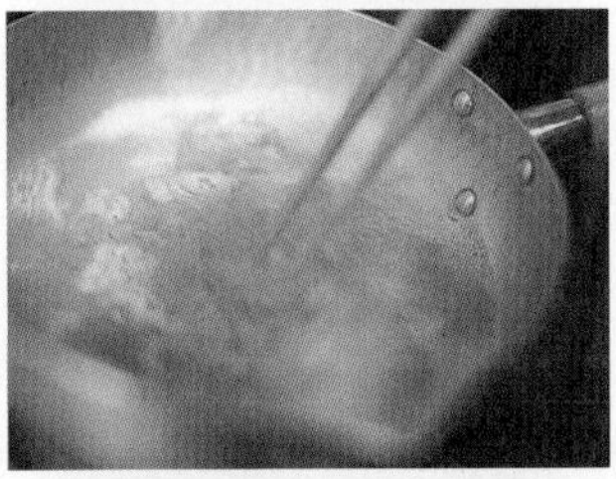

燙熟

把牡蠣放進熱水裡煮。覺得牡蠣的內臟開始變硬的時候就撈起，並排在竹篩上放涼，不要疊放。

 文—高橋良枝　攝影—日置武晴　翻譯—蘇文淑

日日歡喜❿

「紅茶與茶壺」

剛煎好的鬆餅
配上心愛的紅茶，
午茶時間就要開始了。
《日々》的夥伴們要來介紹，
用茶香喚起
這些小小幸福的紅茶。
他們所使用的茶壺，
也透露了每個人的性格。

攝影—公文美和　陳設—久保百合子　翻譯—褚炫初

飛田和緒（料理家）
唐寧的伯爵茶
伊藤環的茶壺

伊藤環的土瓶看上去有如阿拉丁神燈般漲鼓鼓的造型，還有輕巧的壺蓋，因而買下。外表看起來很樸素，內側卻有如七寶燒似的有著溫潤的光澤，每次蓋子一打開，就感到心醉神迷。我習慣用茶包沖泡紅茶，光這樣就已經很好喝。住在英國的朋友，每次回日本都會幫我帶回來。

高橋良枝（編輯）
福南＆梅森伯爵茶
La maison de l'étain 錫壺

我很喜歡福南＆梅森（Fortnum & Mason）的經典伯爵茶，幾十年前就開始喝了。這個茶罐是週年慶設計限定款。女兒的朋友送給我的。茶壺是法國舶來品，在青山的「LOBMEYR Salon」購得。因為很喜歡喝茶，擁有好幾個紅茶壺，包括陶、玻璃等材質，但不知為何形狀全都是圓的。

三谷龍二（木工設計師）
葉葉屋的拉普山小種紅茶*
岡伸一的粗土茶壺

據說紅茶若非經過100度的沸水沖泡，便無法展現原來的風味，因此連茶壺都要事先預熱。我喝紅茶和威士忌一樣，偏好煙燻的風味，因此常喝中國的拉普山小種。用了十幾年的茶壺是岡伸一的作品。因為粗土很難掌握因而產量很少，我等了許久，在器花田買到。

＊譯註：又稱為正山小種，據稱是中國功夫茶的始祖

公文美和（攝影師）

SHITTOROTO當季採收的烏巴紅茶
大嶺實清的茶壺

茶壺是沖繩大嶺實清的作品，大約日幣3000圓。我喜歡它的大容量，還有柔和的乳白色。紅茶在我的家鄉高知，一間咖哩店買到的。那裡有些當季、非常特別的紅茶，是間光是逛逛也會覺得很有趣的店。老闆似乎是個很講究的人。

米澤亞衣（料理家）

TEHANDEL
銀打的茶壺

茶葉罐上的畫作出自我很重要的朋友之手，這是她送我的瑞典紅茶。本來不太喜歡花香或果香，但這牌子的茶葉是例外。只要看到茶罐陳列在櫃子上，流露出像插畫家那股既嬌柔又凜然的氣質，我就覺得好開心。茶壺來自娘家的廚櫃，擺在那兒久久乏人問津，我便接收了。我喜歡它容量充足而且無論泡什麼茶都很適合。

田所真理子（插畫家）

葉葉屋的Dimbula No.11
沒有把手的茶壺

我家裡的紅茶，幾乎都是別人送的。不知為何經常收到葉葉屋的紅茶，不過的確是非常好喝！我會把它做成奶茶或印度香料茶，茶壺是咖啡和茶葉兩用。有次清洗時不小心摔到，因而將把手撞壞了。就算如此還是很喜歡，到現在還繼續在用。

久保百合子（造型師）

庫斯米茶（KUSMI TEA）的
俄羅斯王子（PRINCE VLADIMIR）
英國ARTHUR WOOD製造

我對紅茶不太挑剔，多半是朋友從國外帶回來送我的風味茶，就喝得很高興。這個品牌紅茶來自法國，有種異國情調的香味，美麗的罐子我絕對捨不得丟掉。至於茶壺，我實在記不得什麼時候在哪兒買的。我很喜愛它端正大方的外觀以及內斂的色澤，覺得一輩子都用這個就已足夠。

34號的生活隨筆❷

一壺夏天的太陽茶想起的事

圖．文—34號

在還不懂什麼是冷泡茶的年紀，我先認識了sun tea：「太陽泡出來的茶」，字面看來多浪漫。那是初次離家一個人開始獨立的生活，少了家庭的保護和事事有人準備周全，所有生活上的細節都要自己來。小至買一卷衛生紙、一條毛巾、大至選擇電話公司替自己租的小公寓接通電話、辦駕照、身分證明……，再也不能推給爸爸或媽媽，聽起來似乎麻煩極了。然而個性愛嘗鮮冒險的我其實非常樂在其中，面對著全新的自己，接受著全新的挑戰，一天結束後總滿足地咀嚼新生活的每個點滴。

全新生活少不了柴米油鹽的採買，陌生超市、陌生商品，每一樣都是那麼的新鮮，細細讀著商品說明，為了累積更多字彙，也像海綿一樣吸收著不同國家的文化。因為這樣，紅茶盒子背面關於sun tea的說明吸引了我；一壺開水、幾個茶包、放在太陽下讓太陽幫我們泡茶，腦中已然浮現畫面，於是我在小公寓西向窗台上如法炮製。高緯度地區下午的太陽斜角度地射入窗台，我的一壺茶就在陽光幫助下完成，第一次的喜悅現在想起來實在單純可愛。

這個夏天我又想起了這已經好多年以前的事，幾次中午我竟又開始泡製太陽茶，其實不過就是現在很流行的冷泡茶，但總帶著點回憶的儀式；一定要放在窗台上，讓金光太陽穿透我的玻璃壺，看著水色從透明慢慢被茶葉染成漸層、最後變深，似乎可以感覺到紫外線咕嚕嚕地幫我滾著茶。

這燠熱的夏天實在不想製造額外的熱氣，太陽茶不需煮上一壺滾燙的水正合適不過。一壺一公升的水，放上四個茶包，三個小時太陽浴後便得一壺醇美甘香且溫度適宜的冷茶，想要冷冽便加上冰塊，想要點植物清香便摘些薄荷、百里香，檸檬片、手作果醬、夏日果物、或蜂蜜、或砂糖，為夏日午後增添甜蜜。絕對不是錯覺，長時間溫柔浸泡下得到的茶，回饋出的口感也是溫和的，然而卻因經過時間的萃取更充滿香氣。

淺綠色的暖簾懸掛，
背後印襯著純手工日式拉門，
微風吹過時，
還能聞到木頭透出的香氣，
靜靜地坐落在住宅區裡，
這是小器台中店的模樣。

小器台中店 台中市南屯區大容東街17號 04-2328-8538 12:00 - 20:00（不定期公休） https://www.facebook.com/thexiaoqi

日々・日文版 no.10

編輯・發行人──高橋良枝
設計──赤沼昌治
發行所──株式會社Atelier Vie
http：//www.iihibi.com/
E-mail：info@iihibi.com
發行日──no.10：2007年12月1日

日文版後記

因為採訪而前往高知的鄉下，各處的房子庭院裡繁花盛開。田埂邊的彼岸花開出一片鮮紅色的地毯，水引草和黃色的波斯菊、狗尾草隨風搖曳。空氣清澈、深藍色的天空和都市的天空顏色完全不一樣。吸了滿滿的甜美空氣，回到都市裡。

這次我們去拜訪了兩個高知縣的山中鄉鎮，分別標高700公尺和450公尺。說是南國，卻是冬季也會下雪的山里。正因為是這樣的地方，過去的製茶方法才能傳承留至今日吧！也看到了一直想看的「山茶」。

堀井和子的「薄煎餅與熱鬆餅」的拍攝，是在堀井小姐前往歐洲Vacances旅行之前。雖然經常在週末的早餐做鬆餅，但都是一個個細心地在爐上煎烤出來的。看到她料理的樣貌，再次體會到為了做出好吃的食物，謹慎細心地料理果然還是很重要的。（高橋）

日日・中文版 no.7

主編──王筱玲
大藝出版主編──賴譽夫
大藝出版副主編──王淑儀
設計・排版──黃淑華
發行人──江明玉
發行所──大鴻藝術股份有限公司｜大藝出版事業部
台北市103大同區鄭州路87號11樓之2
電話：（02）2559-0510　傳真：（02）2559-0508
E-mail：service@abigart.com
總經銷：高寶書版集團
台北市114內湖區洲子街88號3F
電話：（02）2799-2788　傳真：（02）2799-0909
印刷：韋懋實業有限公司

發行日──2013年8月初版一刷
ISBN 978-986-89762-0-7

日日 / 日日編輯部編著. -- 初版. -- 臺北市 ：
大鴻藝術, 2013.08　48面；19×26公分
ISBN 978-986-89762-0-7（第7冊：平裝）
1.商品　2.臺灣　3.日本
496.1　　　　101018664

中文版後記

好熱好熱～！

最近幾次往返於台北東京，不管是碰面時，還是郵件往返時，「今天好熱啊～」已經變成彼此固定的招呼語之一。以前總是覺得很不可思議，日本人怎麼如此愛聊天氣，後來才慢慢體會，也許是因為日本有著四季分明的季節，而生活裡頭會隨著四季變化的事物實在太多了。

這期的《日日》，碰巧有著台灣目前正流行的薄煎餅＆熱鬆餅；也介紹了最近朋友間的熱門伴手禮：石垣島辣油。而幾篇專欄的內容：芋泥球招牌冰，太陽茶，跟看海系列的七星潭，更是為我們帶來了屬於台灣的盛夏宣言～啊！好熱好熱～～！（江明玉）

大藝出版Facebook粉絲頁http：//www.facebook.com/abigartpress
日日Facebook粉絲頁 https://www.facebook.com/hibi2012